我的小问题·科学

电

[法]塞德里克·富尔/著

[法]尼 可/绘

唐 波/译

北京时代华文书局

电是谁发现的❓

电是一种物理现象，很早就被人们所知。比如，它在自然界一直以闪电的形式被人们观察到。不过，人类花了很长时间才理解并掌握这种现象。

2 600 多年前，古希腊米利都的科学家泰勒斯是最早对电产生兴趣的人之一。他观察到，琥珀在布上摩擦后可以吸引稻草。就这样，他发现了静电。

1800 年，意大利物理学家亚历山德罗·伏特发明了最初的可以提供电流的**电池**。这种电池由被湿纸板隔开的锌盘和铜盘堆叠而成。

19 世纪，很多科学家找到了发电的方法。从那以后，便诞生了许多发明。

1881 年，一场大型国际电力博览会在巴黎举行。

电话（1876 年）

电动三轮车（1880 年）

第一辆有轨电车（1881 年）

白炽灯（1879 年）

电能用来做什么？

电在今天的应用非常广泛。多亏有了电，我们才能照明、取暖、让一些物体动起来、获取信息和互相交流。

在家中，大部分电器都是靠接通电源插座来供电运转的，比如电暖器、电视、冰箱、烤箱……

很多玩具要使用**电池**。在无线遥控汽车中，电池产生的电流能让引擎带动车轮转动，玩具车便能动了。

我们在大街上也能发现一些用电的物体，比如交通信号灯、路灯，还有一些汽车！

人类长期以来使用的一些方法，比如用火取暖、烹饪和照明，如今都被用电取代了。

有时，电流是由电池或**电池组**提供的。如此一来，我们就能很方便地使用移动电话与朋友聊天了。

什么是电流？

　　电是由数十亿个看不见的微小粒子——电子组成的。一组电子共同移动便产生了电流。就像水在管道里流动一样。

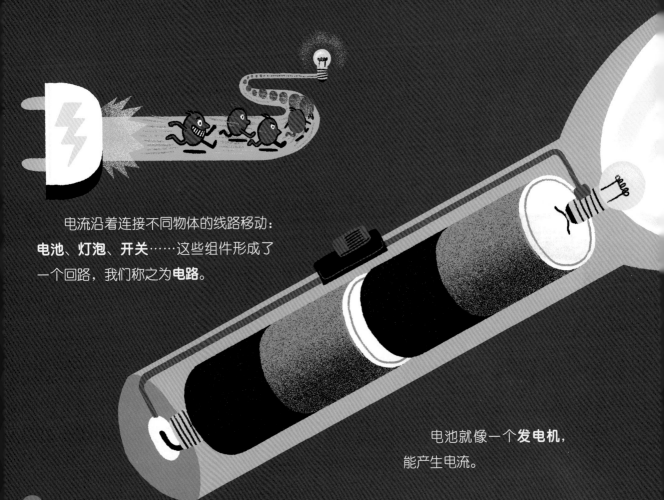

　　电流沿着连接不同物体的线路移动：**电池、灯泡、开关**……这些组件形成了一个回路，我们称之为**电路**。

电池就像一个**发电机**，能产生电流。

灯泡是**用电器**，能用经过它的电流产生光亮。

开关用于闭合电路，使之变为**通路**。如果电路是断开的，也就是**开路**，电流就不能通过。

电流通过**导体**（比如金属棒）在电路中流动。

电流通过用电器后，会沿着电路继续前行，然后返回到电池中。

怎样制作一个开关?

这很容易。准备一个回形针，两个双脚钉，并将双脚钉插到一块纸板上。然后，制作一个由电池供电的电路。

1. 首先，将回形针固定到一个双脚钉上，组装成开关。

2. 然后，用电线将组成电路的不同组件连接起来。

3. 如果开关是断开的，灯泡就不会亮。

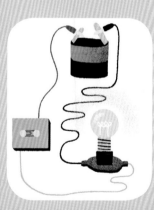

4. 如果我们推动回形针，将开关闭合，电流就会通过，灯泡就会亮起。

安全提示：

我们研究有关电的问题，只能用电池做实验。千万不要用家里插座上的电做实验，这样非常危险！如果电池有发热或液体泄漏现象，请马上停止实验，并让大人来帮你。

是什么使电流移动的？

    为了让电流在电路中移动并让灯泡亮起来，电路的组件必须能让电流通过。那些能让电流通过的物体就是导体。

小实验

是不是导体？

    很多物体都能让电流通过。我们将物体一个一个地放在带有**电池**的电路中，便能知道它们是不是导体。

    如果灯泡亮起，就意味着这些物体能让电流通过。

能导电的物体多是由金属制成的。金属（铝、铜、铁、银、金……）是很好的**导体**。

很多材料是不导电的，它们是**绝缘体**。

铜经常被用在电线中，这是一种导电材料。它被绝缘的塑料护套包裹着，这个护套能够保护触碰到电线的人。

为什么我的游戏机要经常更换电池 ❓

电池产生电流使游戏机得以运行。当电池不能再产生电流时，我们就说它的电放完了，那么就必须更换电池了。

电池有多种不同的形状：扁平的、圆形的、纽扣状的。除了不同的形状，电池还可以由不同的材料制成：锌、锂、氢……但是所有的电池都有两个**连接点**："+"表示正极，"−"表示负极。

有些电池是可以充电的，我们称其为**蓄电池**。蓄电池可以使用好几百次。我们能在手机、平板电脑以及电子游戏机中找到这种电池。

我累了，

我要去睡觉了！

我们在日常生活中消耗了大量的电池。组成电池的一些材料会污染环境。因此，不要将电池直接丢入垃圾桶或扔在大自然里。

在法国，人们会将电池放入电池生产商和销售商所提供的特定垃圾箱里。然后，这些电池会被回收。

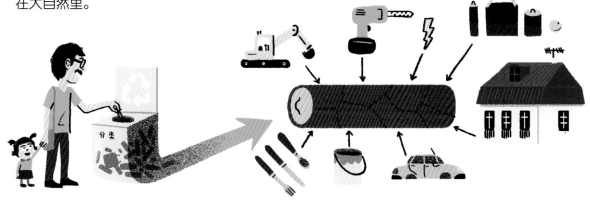

怎样用柠檬制作电池？

柠檬汁能产生类似电池内部发生的化学反应。为了制作柠檬电池，我们需要用一个切成两半的柠檬、两枚硬币、两个回形针和三根电线制作一个电路。

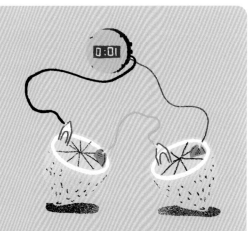

这种电池能够点亮一个小**灯泡**，或者令一块电子表运行。

插座的电是从哪里来的 ❓

我们要使用许多电来令房屋里的所有电器运转。发电厂日夜不停地运作，以确保电力的生产。

发电厂生产电，这些电通过悬挂在电塔上的电缆——高压电线输送到四面八方。

电力在传输过程中要经过各种变压器，因为它也必须能在悬挂于电线杆上的低压电线流通。

电力被输送到城市和乡村的各个角落。

电终于到了你家。这样，你家的**电路**就能给所有插座和家用电器供电了。

一条电路，多条电路！

要明白房屋里的电器是如何同时运转的，我们可以用一节电池和几个灯泡来搭建几条不同的电路。

1. 最简单的电路是由一节**电池**、两根电线以及一个能正常发光的**灯泡**组成。

2. 第二条电路是由两个连在一起的灯泡组成，灯泡发出的光比较微弱。这是一个**串联电路**。如果我们拿走一个灯泡，另一个便会停止发光。

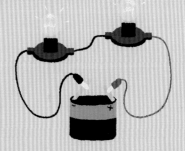

3. 第三条电路由四根电线和两个分别连接到电池上的灯泡组成的，两个灯泡都能正常发光。这是**并联电路**（房屋里用的正是这种电路）。如果我们拿走一个灯泡，另一个灯泡仍然会发光。

我们是如何发电的 ❓

发电厂生产了大量的电能。我们主要使用水力、火力以及核能等来发电。

在发电厂里，水（或水蒸气）推动一个看起来像大水车轮的涡轮机旋转。涡轮机的旋转带动了交流发电机，从而产生了电能。

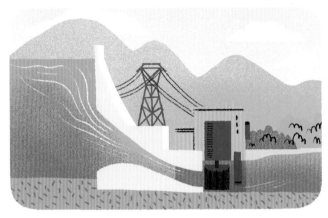

交流发电机由转子和定子组成。转子是一个巨大的可旋转的磁铁，而定子则是一个巨大的铜线线圈。

在水力发电厂，我们使用水的力量（比如来自水坝的水）来使涡轮机转动。而在潮汐发电厂，驱动涡轮机的是潮汐水流的移动。

在转动的过程中，磁铁会吸住线圈里的电子，电子便发生了移动。电子的这种移动就产生了电流。

在很多发电厂里，我们将水加热，然后用产生的水蒸气来带动涡轮机转动。

在火力发电厂，我们通过燃烧煤炭、石油、天然气或垃圾来产生水蒸气。

在核能发电厂，我们利用一种被称为铀（yóu）的材料所产生的核反应来发电。

太阳能发电厂的太阳能板可以聚集太阳的热量。

在地热发电厂，热能来自地球内部。

风力涡轮机可以捕获风的力量，从而带动它的叶片旋转。叶片在旋转过程中驱动了**发电机**，电便产生了。

太阳能板是如何工作的 ❓

太阳以光和热的形式为我们提供了能量。因为有了太阳能板，人类可以直接利用这些能量来发电或者将水加热。

光伏太阳能电池板可以利用太阳光发电，但不要把它与太阳能集热板相混淆了，太阳能集热板是利用太阳的热量来将水加热的。

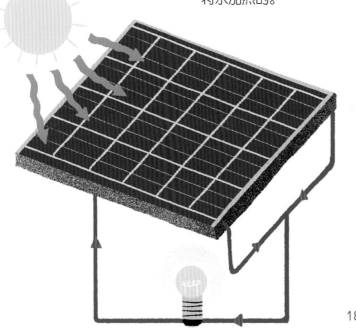

1839 年，法国物理学家埃德蒙·贝克勒尔发现光能可以转化为电能。这被称为**光伏效应**。

太阳能板被安装在屋顶或地面上。它产生的电能可以使小电器运转。我们也可以将这些电能储存在**电池组**里。

为了提高效率，太阳能板必须安放在朝着太阳的地方。我们要使其朝向南方，并且相对于地面倾斜。在这个方向上，太阳能板能直接接收到太阳光。

不过要注意！冬天太阳能板产生的电能比较少，夜间则一点电能都不产生。因此，需要由**发电厂**输送的电来补充。

还有很多物体靠太阳能运转，比如一些计算器、手表、玩具、汽车，甚至还有一架飞机，即阳光动力号，它成功飞越了太平洋。真是令人惊讶，不是吗？

灯泡是如何发光的❓

为了使灯泡发光，必须要有电流从灯泡中通过。而灯泡在发光的同时，也会产生热量。

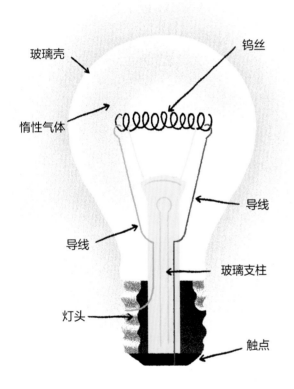

玻璃壳
钨丝
惰性气体
导线
导线
玻璃支柱
灯头
触点

灯泡有两个**连接点**：触点和灯头。它们能让电流进入和离开灯泡。在这两个连接点之间，电流通过钨丝，使得钨丝加热并发出亮光。

测量温度！

如果将温度计靠近亮着的灯泡，我们很快就会发现温度计上指示的温度升高了。

灯泡在发光的同时也在散发热量。

20

如果灯泡的灯丝断了，那么由于**电路**断开了，电流就不能再通过。这种情况就是灯泡烧坏了。

今天，我们使用许多新型灯泡，比如卤素灯泡、节能灯泡或者发光二极管（LED）。这些灯泡能节约能源，使用寿命也更长。

传统灯泡

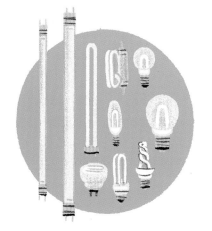

节能灯泡

发光二极管

卤素灯泡

为什么我的父母必须支付电费？

　　每次我们在家里使用电器时，都会消耗电能。生产电的公司会要求我们对使用的电量进行付费。

位于你家中或车库中的电表可以计算出消耗的电量，电量的单位是**千瓦·时**（度）。

每天 5.5 个小时

每年 70 欧元

每年 480 度

差别很大的耗电量！

每年 17 度

每天 2 小时

每年 2.5 欧元

每年 280 度

每天 24 小时

每年 42 欧元

　　电力公司会派人抄录电表上的数字。两次抄录的数字之差就是该支付电费的度数。

五个省电的简单行为！

这些行为是为了减少电费，但更重要的是为了节省能源。

1. 离开房间时，记得关灯。

2. 不使用电视或电脑时，请将它们关闭。处于待机状态的电器也会消耗电量。

3. 不充电时，拔掉平板电脑和游戏机充电器的电源。如果电源没有被拔掉，即使充电器已经断开，也依然会耗电。

4. 让你的父母使用节能灯泡。这些灯泡耗电更少，使用寿命更长。

5. 打开窗户通风时，请关闭电暖器。

雷电也是电吗？

暴风雨天气，雷鸣和闪电会同时发生。我们称之为雷电。

一道闪电就像一朵巨大的火花，当电流从一朵云传到另一朵云，或者从一朵云传到地面时就会发生闪电。而雷声则是由闪电周围的空气振动所产生的声音。

小实验

估算暴风雨离我们有多远

我们总是先看到闪电，后听到雷声。光传播的速度非常快，每秒为 300 000 千米。而声音传播的速度比较慢，每秒为 340 米。暴风雨天气，如果闪电和雷声之间间隔了 10 秒，就意味着暴风雨发生在离我们 3 400 米的地方。

雷电会选择以最短的路径到达地面。因此，它会落在高的物体上，比如大树、钟楼或者避雷针。

1760 年，本杰明·富兰克林发明了避雷针。这种金属杆会吸引雷电并将其导入地下。

小实验

引发一道迷你闪电

1. 在一个阴暗的房间里，用橡皮泥将一颗钉子固定在桌上，钉子尖朝上。

2. 将充了气的气球放在羊毛衫上摩擦，这样气球就会带电。

3. 将气球靠近钉子，即可引发一道迷你闪电！

电有可能是危险的吗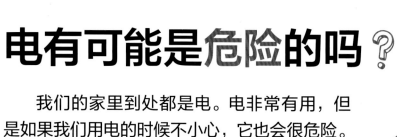

我们的家里到处都是电。电非常有用，但是如果我们用电的时候不小心，它也会很危险。

触电是指电流通过人体，这可能会导致烧伤、肌肉萎缩或心跳紊乱。最大的危险是**触电死亡**。为了避免这种情况，我们必须遵守一些安全准则。

在没有切断电源的情况下更换**灯泡**是很危险的，我们可以使用**断路器**来切断电源。

不要在通电的情况下清洁或修理电器，否则，我们可能会受伤或者触电。

不要把手指或者物体伸进电源插座里。

不要剪断正在通电的电器的电线，也不要触摸裸露或者损坏的电线。

在手湿或者靠近水的情况下使用电器是非常危险的。水能导电，这会引起触电。

如果有人触电了，我们该怎么办?

如果你目击了一场电气事故，在电源被切断以前，你不得触碰任何东西。你必须立即向成年人寻求帮助，并拨打119（消防电话）或120（急救电话）。

断路器有什么用❓

为了保护家里的电气设备，我们会使用一种被称为断路器的保护系统。它起着开关的作用，能让电流进入家里或者将其拦住。

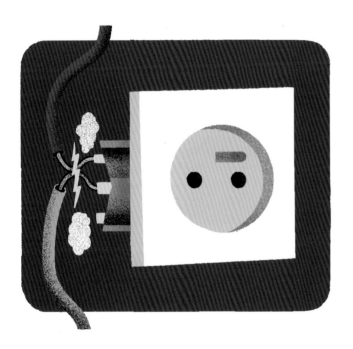

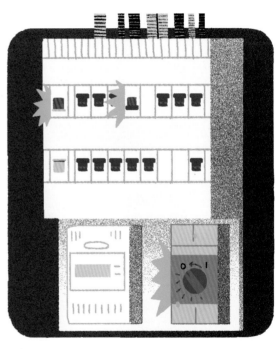

在**电路**中，当损坏的导线相互接触时会造成**短路**。电流会直接从一根导线流向另一根导线，而不是沿着正常的路线通行。这样，电线会变得非常热。如果没有安全系统，短路可能会造成电气设备的损坏，并引起火灾。

在电力超负荷或者短路的情况下，**断路器**会自动切断电流。当我们按下断路器上的按钮时，电流又可以再次流通了。

保险丝也能防止电气设备短路。保险丝是电路的一部分，它由一根小小的导电细丝制成。

发生短路时，保险丝会升温并迅速熔断，因此，电路会断开，电流不能再通过，危险也不会再存在，但必须找到故障的原因。

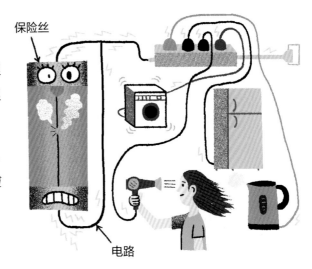

保险丝

电路

小实验

保险丝有什么用？

我们可以在一个由**电池**供电的电路中，使用钢丝绒来理解保险丝的作用。

两根电线一接触，电流便不再通过**灯泡**，灯泡因此会熄灭。导线会变热，钢丝绒也会变热，最终会燃烧（注意不要离得太近！）。钢丝绒在这里起到了保险丝的作用，它使电路断开了。

停在电线上的鸟儿
有危险吗❓

　　当一只鸟儿落在电线上休息时，它所接触的只有一根导线以及绝缘的空气，因此不存在触电的危险。那么，为什么许多鸟儿会因触电而死呢？

　　一些大型鸟类，比如鹰或鹳（guàn），它们的翅膀和爪子可能会同时触碰到两根电线。这样，电流便通过它们的身体从一根电线传到另一根，它们就会**触电**。

　　因此，体形小的鸟儿遇到的危险就少多了！

　　一般而言，为了避免给鸟儿造成危险，电缆之间会留出一定的距离。

鸟儿起飞时，它的翅膀可能会触碰到电线和金属电塔。电线中的电流会穿过鸟儿的身体，并通过电塔到达地面。这可能会导致鸟儿触电而亡。

为了保护鸟儿免遭**触电**的危险，人们采取了各种解决办法。比如，给电缆套上塑料套。有时候，我们还会在电塔上看到一些防鸟刺，这是为了阻止鸟儿在电塔上落脚。

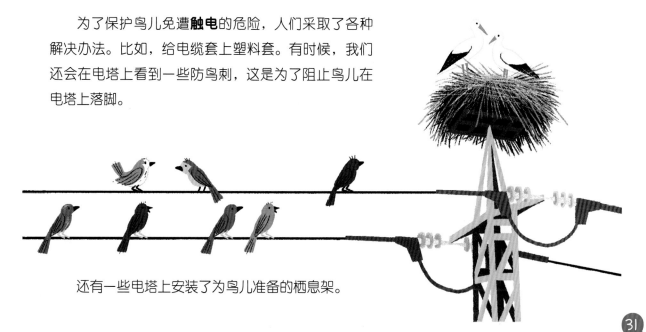

还有一些电塔上安装了为鸟儿准备的栖息架。

我的身体里也有电吗 ❓

　　有时，当我们触碰一个物体或别人的手时，会有轻微的电击感。这种感觉是由积累在我们体内的静电引起的。

　　身体与一些材料摩擦后会产生静电，比如合成材料制成的衣服。

　　举个例子，当你碰到门把手时，你会有种触电感，这是因为静电从你身体转移到了门把手上。

　　你体内的静电还会通过其他方式显示出来。比如，当你脱羊毛衫时，你的头发会竖起来。

小实验

如何观察静电?

　　非常简单！将气球在你的头发上摩擦，你就会看到静电让你的头发竖了起来。

人体本身也会产生电。这种电流能够将身体各部位的信息传送到大脑。

有了这些电信息，大脑就可以获得关于味觉、视觉、触觉等的提示。然后，大脑会做出回应，将相关指令传达下去，以便控制肌肉做出一些动作。

有时候，我们会主动对一个心脏停止跳动的人进行电击，这样做的目的是使其心脏恢复跳动。

一些动物也能产生电，比如某些鲶鱼、鳐鱼或鳗鱼。它们通过放电来捕获猎物、保护自己或辨别方向。

关于电的小词典

这两页内容向你解释了当人们谈论电时最常用到的词，便于你在家或学校听到这些词时，更好地理解它们。正文中的加粗词汇在小词典中都能找到。

保险丝：一种安全装置，其作用是在发生事故或有危险时断开电路。

并联电路：由多条回路连接不同元件形成的电路。

触电：指电流通过人体的现象。

触电死亡：因触电而导致人或动物死亡。

串联电路：由单一回路连接不同元件形成的电路。

导体：能让电流通过的物体或材料。

灯泡：通电后能发出光亮的物体。

电：静止或移动的电荷所产生的物理现象。

电池：能通过化学反应产生电的装置。

电池组：由一组相互连接的电池或蓄电池组成，常见于电器和电子设备（电话、平板电脑）中，也用于工业及汽车中。

电路：由发电机（比如电池）、用电器（比如灯泡）、导体（电线）和开关组成的回路。

短路：当两根损坏的且不应该接触的导线碰在一起时发生的现象。短路可能会引起火灾。

断路器：在电路发生意外事故时能切断电流的保护装置。

发电厂：生产电的工厂。

发电机：能将其他形式的能量转化成电能的装置，比如电池（可将电池本身储存的化学能转化成电能）。

光伏效应：材料在光的照射下产生电能的现象。光伏现象是由法国人埃德蒙·贝克勒尔于 1839 年发现的。

绝缘体：不导电的物体或材料。

开关：能断开和闭合电路的装置。

开路：在开路中，电流不能通过。

连接点：能让电流进入或离开电气元件的区域。电池有两个连接点：正极和负极。灯泡的连接点是它的触点和灯头。

千瓦·时：电能以及耗电量的计量单位。1 千瓦·时表示功率为 1 000 瓦特的电器在 1 小时所消耗的电量。通常称作"度"。

通路：在通路中，电流可以通过，并让灯泡发光或使发动机运转。

蓄电池：用于存储和释放电能的可充电装置，又称可充电电池。

用电器：使用电的装置，比如灯泡。

图书在版编目（CIP）数据

电 /（法）塞德里克·富尔著；（法）尼可绘；唐波译. — 北京 : 北京时代华文
书局，2022.4
（我的小问题. 科学）
ISBN 978-7-5699-4557-7

Ⅰ . ①电… Ⅱ . ①塞… ②尼… ③唐… Ⅲ . ①电—儿童读物 Ⅳ . ① 0441.1-49

中国版本图书馆 CIP 数据核字（2022）第 035618 号

Written by Cédric Faure, illustrated by Nikol
L'électricité – Mes p'tites questions sciences © Éditions Milan, France, 2017

北京市版权著作权合同登记号　图字：01-2020-5898

本书中文简体字版由北京阿卡狄亚文化传播有限公司版权引进并授予北京时代华文书局有限公司
在中华人民共和国出版发行。

我 的 小 问 题·科 学　电

Wo　de　Xiao　Wenti　Kexue　Dian

著　　者 | [法] 塞德里克·富尔
绘　　者 | [法] 尼　可
译　　者 | 唐　波

出 版 人 | 陈　涛
选题策划 | 阿卡狄亚童书馆
策划编辑 | 许日春
责任编辑 | 石乃月
责任校对 | 张彦翔
特约编辑 | 申利静
装帧设计 | 阿卡狄亚·戚少君
责任印制 | 訾　敬
营销推广 | 阿卡狄亚童书馆
出版发行 | 北京时代华文书局 http://www.bjsdsj.com.cn
　　　　　北京市东城区安定门外大街 138 号皇城国际大厦 A 座 8 楼
　　　　　邮编：100011 电话：010-64267955 64267677
印　　刷 | 小森印刷（北京）有限公司　010-80215076
开　　本 | 787mm×1194mm 1/24　印　张 | 1.5　字　数 | 36 千字
版　　次 | 2022 年 5 月第 1 版　印　次 | 2022 年 5 月第 1 次印刷
书　　号 | ISBN 978-7-5699-4557-7
定　　价 | 118.40 元（全 8 册）